剩余电流动作保护器

宣传画册

《电力安全宣传画册》编委会 组编

内 容 提 要

本书针对剩余电流动作保护器使用特点，以通俗易懂、图文并茂的方式，解释正确使用剩余电流动作保护器的方法，旨在共同维护安全、良好的用电环境。

本书对社会各界了解剩余电流动作保护器重要性，规范安全使用剩余电流动作保护器具有较强指导意义，适用于社会公众阅读。

图书在版编目（CIP）数据

剩余电流动作保护器宣传画册 /《电力安全宣传画册》编委会组编 . — 北京 : 中国电力出版社 , 2015.5
(电力安全宣传画册)
ISBN 978-7-5123-7651-9
Ⅰ . ①剩… Ⅱ . ①电… Ⅲ . ①零区电流－电流保护装置－图集 Ⅳ . ① TM588.1-64
中国版本图书馆 CIP 数据核字 (2015) 第 088680 号

中国电力出版社出版、发行
(北京市东城区北京站西街 19 号　100005　http://www.cepp.sgcc.com.cn)
北京九天众诚彩色印刷有限公司印刷
各地新华书店经售
*
2015 年 6 月第一版　2015 年 6 月北京第一次印刷
787 毫米 ×1092 毫米　24 开本　1.75 印张　25 千字
印数 0001—3000 册　定价 **12.00** 元

敬 告 读 者

本书封面贴有防伪标签，刮开涂层可查询真伪

本书如有印装质量问题，我社发行部负责退换

版 权 专 有　翻 印 必 究

编委会

主任：杨军虎

副主任：张荣华　孟海磊　雍军　张朝晖　杨玉明　尹荣庆

编委会成员：段爱民　毕经华　张建　孙静　张秀华　刘其岭　程庆军　王荣超　孙景国　杨波　孙晓斌　孙京　杜斌祥　李民　王帅　王海涛　李磊　谷鹏　时刚　曲修鹏　李景诗　栗新　董涛

主编：杨玉明

副主编：孟海磊　毕经华　张建

编写组成员：李磊　孙静　谷鹏　时刚　董涛　曲修鹏　莫秀芝　刘俊明　刘翠翠　高兴强　史建青　肖俊丽　杜斌祥　高婷婷　刘岩　田荣鑫

前　言

电力的出现极大方便了人们的生活，但如果使用不当，也会对个人、家庭乃至整个社会造成极大伤害。

剩余电流动作保护器是防止人身触电、电气火灾及电气设施损坏的一种可靠保护设备，在我国大部分地区得到推广。但部分居民未能意识到剩余电流动作保护器的重要性，这对人身、电器等带来较大安全隐患。因此，为进一步加强安全用电管理，正确引导社会各界安全用电，减少安全隐患和事故的发生，特创作《剩余电流动作保护器宣传画册》一书。

本书对家用剩余电流动作保护器的重要性进行了介绍，同时也将剩余电流动作保护器从选购、安装、管理、维护、故障处理等方面以漫画形式一一展示。本书在创作过程中，得到国网德州供电公司、国网夏津县供电公司大力支持，在此一并致谢。

由于时间仓促，书中难免存在不妥之处，敬请各位同行及广大读者提出宝贵意见。

本书编委会

2015年3月

目　录

1 剩余电流动作保护器宣传漫画

为什么非要安装户保呢？
大爷，按照国家规定，家庭必须安装户保。

安装户保有什么好处呢？
大娘，当人体触电、家用电器或线路漏电时，户保能够迅速断开电源，有效避免发生人身伤亡和由此引发的火灾事故。

如果不安装户保，有可能因家中线路漏电而造成电量浪费，会给你们带来经济上的损失！
哦！原来安装户保有这么多好处啊，俺家也要马上装上！

大叔，必须购买质量合格、三证齐全，并通过3C强制认证的产品。
3C认证标志
家里要安装什么样户保才算合格的？

随便买一个就行吧？
大娘，不行！使用不合格的户保会给你带来生命危险。

好，我知道了！我现在就去买！
等等，大娘！户保的选购还有很多要求，我详细给你介绍一下！

C60
230V~
家庭生活用电一般为单相，应选择额定电压为交流 220V (230V) 的户保。

户保的额定电流主要有 6、10、16、20、32、40、63(A)等多种规格的选择，应尽量选择接近家用设备使用的总电流。
俺家电器设备大约有 5 千瓦。

俺家该选择多大电流的户保啊？
大娘，按 1 千瓦匹配 4.5-5A 的电流估算一下，那您家选用 32A 的户保就可以了。
CNC
C32

户保应优先选用二
极二线式的。

选用额定漏电动作电流小于或等于30毫安、额定漏电动作时间小于或等于0.1秒的、一般型（无延时）的户保。
CNC
$I_{\Delta n}$ = 30 mA
$t \leqslant$ 0.1s
N

还有别的要求吗?
最好选用具有漏电、过流保护、短路保护、过电压保护等多功能的户保!

户保由供电企业提供吗?
大爷,户保属于用户资产,应由用户自己购买。

张大哥，这么着急，干嘛去？
这不听了你们的宣传，按你们的要求赶紧买了个户保，自己把它装上呢！

大哥，户保必须
由专业人员安装！
就四根线接上就行呗！
还要什么专业人员？
如果安装不正确就起
不到它应有的作用。

你们帮忙给我
装上去吧！
好的！

安装前要仔细阅读产品说明书。
我知道！

户保安装在哪里？
户保一般安装在用户进线上，如有低压刀闸应装在低压刀闸之前。
是的！安装地点应避开油、气、水汽和尘埃，无显著冲击和振动的地方！

户保装置标有电源侧和负荷侧，应按规定安装接线，不得接反
接反了会怎么样？
如果接反了可能会造成户保失效的！

安装好后，手柄在"O"或"OFF"的位置表示"分闸"；在"I"或"ON"的位置表示"合闸"电路接通。大哥，一定要区分清楚呀！
I ON
O OFF
好的，我知道了

接线前人工操作手柄，动作应灵活，确认完好无损后，才能进行安装。
好的！
手柄

大哥，我看你买的
这个户保正合适！
如果以后你再增加
大功率电器，就要
更换户保和电线了。
这是我听了
你们的宣传
后买的！

零线
相线
还有这么多要求?
在安装时，一定要区分好相线(火线)和零线，接反有可能户保拒动而失去保护作用，要特别注意!

户保安装时还要注意区分中性线和接地线，接地线不得接入户保。
以后我也要注意!

户保安装完成后，还要对原有线路和设备的接地保护措施进行检查和调整。
好，我再帮大哥检查一遍。

户保装置投入运行前，应操作试验按钮。小李，你和大哥一起试验一下，确认能正常动作后，才允许投入正常运行。
好的！

户保安装后还有两个检验项目，一是用试验按钮试验3次应正确动作；二是带负荷电流分合3次，均应可靠动作才行。
知道了，我马上就做。

大哥,户保安装试验好了。以后你要自己维护好!
好的，你们辛苦了，谢谢!
大哥，我们再去别处走访一下。

刘大姐，您家安装户保了吗？
装上了，这下俺家用电就万无一失了！
大姐，装上户保也不能说万无一失，户保对相与零间引起的触电危险不起保护作用的。
相线
零线
相线与零线间引起的触电

试验按钮
建议你们定期检查试验。
一般一个月左右应在合闸通电的状态下按动试验按钮,检查户保动作是否正常。

大姐，在雷雨季节期和用电高峰期还应增加试验次数.
注意正在发生雷电时，不能进行试验。
哎呀，你们想的太周到了。
王哥，周大叔来电话说，他家的户保跳闸了，他总是合不上，让我们过去看看！
好，我们这就过去！

周大叔，当户保因漏电跳闸后，漏电指示按钮凸出，不按下按钮就合不上闸，送不上电。
漏电指示按钮
哦，哪个按钮啊？
这个按钮！

大叔你注意，户保跳闸后，只允许送电一次，如果再跳闸，要查明原因找出故障，不得连续合闸。
哦，我记住了，可不敢这样。
户保本身发生故障时，要及时更换，千万不能私自拆除或强行送电。

户保工作年限一般为6年，超过了年限建议及时更换。
好！

如果您长时间不在家,再次使用前,要进行试验。
过几天，正打算去城里儿子家住段时间，看孙子呢。
大叔，您走以前要把户保断开防止引起事故，回来后检查户保正常后才能使用。

户保常见故障及处理

故障现象	可能的原因分析	排除方法
不能合闸	漏电指示按钮未按下	按下指示按钮
	负载侧有线路老化或有漏电故障（此时漏电指示按钮跳起）	排除漏电故障
	负载侧有短路故障	排除短路故障
周期性跳闸	断路器的额定电流值偏小，造成过载跳闸	更换产品规格
	接线螺钉未压紧，导致出现松动	拧紧接线螺钉
	选用的导线截面小	更换导线规格
短路未跳闸	选用的断路器与被保护线路不匹配	更换产品规格
误动	负载侧零线接地，使正常工作电流经接地点分流入地	将接地线接至电源侧零线上
	①负载侧导线贴地面铺设较长，存在较大的对地电容电流。②负载侧导线绝缘下降，导致漏电电流增大	更换合格导线
拒动	剩余电流动作断路器电源侧零线（N）未接入	接入零线

户保损坏后，要找专业单位进行维修。
行，我知道了，再遇到其它问题及时找你们。
装了户保也不要以为万无一失，它不能代替其它的安全措施。

大叔有事及时和我们联系，随叫随到
再见!谢谢你们!

2 剩余电流动作保护器安全小口诀

购买户保要选好，3C认证不能少；
户保属于私财产，防止火灾和触电。
安装之前看说明，安装位置要选好；
一般装在进线处，电源负荷分清楚。
投运之前要试验，私自拆除有危险；
常做试验不放弃，户保不是保命器。
户保动作跳闸后，送电只准试一次；
如果再跳找原因，强行送电危险高。